Über die Rentabilität von Zentralheizungen

Unter besonderer
Berücksichtigung der Abdampfausnützung
und der Wirtschaftlichkeit der in diesem
Zusammenhange arbeitenden Elektrizitätswerke von Heilanstalten

Von

HANS TILLY

Provinzial-Ingenieur in Tempelhof bei Berlin

Mit 6 Diagrammen und 4 Tafeln

München und Berlin
Druck und Verlag von R. Oldenbourg
1910

Für die Auswahl eines bestimmten Heizsystems ist unter Voraussetzung gleicher hygienischer Wirkung seine Wirtschaftlichkeit maßgebend, wobei der Ausdruck Wirtschaftlichkeit besagen soll, daß das ausgewählte System niedrigere Anlage- und Betriebskosten und unter Umständen auch höhere Erträgnisse aufweist als die anderen zur Wahl gestellten Systeme. In diesem Zusammenhange werden vielfach unrichtigerweise entweder die Betriebskosten oder die Beschaffungskosten allein in Vergleich gesetzt, während lediglich das richtige Verhältnis der Herstellungs- zu den Betriebskosten die Wirtschaftlichkeit einer technischen Anlage bedingt. Diese wird auf dem Wege der vergleichenden Rentabilitätsberechnung ermittelt, indem man die in Frage kommende Heizanlage als ein Unternehmen ansieht, dessen indirekte Erträgnisse vorauszuberechnen sind.

Demgemäß sollen im nachfolgenden die Rechnungsvorgänge an einer Reihe von Beispielen aus der Praxis geschildert und zum Schluß die Betriebsergebnisse bestehender Anlagen angegeben werden. Wenn auch eine Heizanlage kein Unternehmen von unmittelbarer Einträglichkeit ist, so lassen sich doch unter den obigen Voraussetzungen Buchwerte in die Rentabilitätsberechnung einführen, die für die Systemwahl ausschlaggebend sind.

Dies gilt namentlich für solche Anlagen, welche im Zusammenhange mit Elektrizitätswerken bei Abdampfausnutzung arbeiten, in welcher Vereinigung oftmals die Heiz- oder Warmwasserbereitungsanlage die Rentabilität des Elektrizitätswerkes durch Herabminderung der Betriebskosten bewirkt.

So könnte bei einem Gebäudekomplex in Form einer Heilanstalt, deren Pflegehäuser von einer Zentrale mit Wärme, elektrischem Licht und Badewasser versorgt werden, Heiz- und Badewasserwärme als Nebenprodukt des Elektrizitätsbetriebes (oder umgekehrt) angesehen werden. Man hätte dann die Betriebsdampfmaschinen oder Turbinen als Apparate zur Herabminderung der Kesselspannung auf Heizsystemspannung anzusehen, indem beim Vorgange der Dampfdruckreduktion ein Teil der Wärmearbeit in Elektrizität umgesetzt und der ent-

stehende Verlust für Heizzwecke nutzbar gemacht wird. Aus dieser
nahezu vollständigen Ausnutzungsmöglichkeit der im Dampf ent-
haltenen Kohlenwärme ergibt sich die wirtschaftliche Überlegenheit
solcher Anstalts-Elektrizitätswerke gegenüber den mit Wärmever-
nichtung in Kondensationsanlagen arbeitenden Einrichtungen, wodurch
in vielen Fällen die Frage des Bezuges elektrischer Energie gegen
Entgelt aus benachbarten Werken zugunsten der Einrichtung einer
eigenen Anstaltszentrale entschieden wird. In der Rentabilitätsberechnung gibt dann, gegenüber den verschwindend kleinen Betriebskosten, der Betrag für Verzinsung und Abschreibung des Anlagekapitals den Ausschlag. Das günstigste Ergebnis wird bei einem Minimum
an Anlage- und Betriebskosten und einem Maximum an erzeugter
Strommenge erzielt. Daher empfiehlt es sich, während der Zeit der
Unterausnutzung des Anstalts-Elektrizitätswerkes, am Tage, auf die
Abgabe von Strom an benachbarte Werke gegen Entgelt Bedacht zu
nehmen. Die Anlagekosten der Zentrale können durch die Benutzung
stromsparender Metallfadenlampen herabgemindert werden

In Zusammenfassung des vorher Gesagten soll also von der Voraussetzung ausgegangen werden, daß eine Heizanlage ein Unternehmen
ist, dessen imaginäre Einträglichkeit auf dem Wege der vergleichenden
Rentabilitätsberechnung bestimmt werden soll. In dieser erscheinen
die folgenden Posten:

a) Tilgung des Anlagekapitals unter Einschluß desjenigen für die
bauliche Anlage während der Abnutzungsdauer der Heizanlage, die
zu 16 Jahren angenommen werden soll.

b) Verzinsung des Anlagekapitals zu 4%, so daß für Tilgung
und Verzinsung des Anlagekapitals der einfach zu handhabende Wert
von 10% in der Rechnung erscheinen wird, der selbstverständlich nur
das Ergebnis des ersten Jahres darstellt, insofern in den folgenden
eine Herabminderung der Zinsquote in Form einer geometrischen
Reihe, nach Maßgabe der der Verminderung des Anlagekapitals durch
die als Konstante angenommene jährliche Abschreibung, eintritt.
Eine Berücksichtigung dieser Vorgänge hat jedoch, weil sie auf das
Ergebnis einer vergleichenden Rentabilitätsberechnung ohne Einfluß
ist, nicht stattgefunden.

c) Betriebskosten für Brenn- und Schmiermittel, Reparaturen
und Ergänzungen, Löhne für Personal und sonstige Regiekosten.

d) Produktionsziffer, mit deren Anwachsen die Einträglichkeit
des Unternehmens steigt.

Die Tilgungs- und Verzinsungsquote gehört zu den Unkosten,
so daß bei einer bestimmten Produktionsziffer der Gewinn des Unternehmens umgekehrt proportional zur Abschreibungssumme ist, d. h.

mit dem Anwachsen der Anlagekosten, z. B. durch unzweckmäßige Anordnung, fällt. Hat man mit wirklichen Gewinnen zu rechnen und ist man in der Lage, die Abschreibung schon vor Ablauf der Abnutzungsdauer zu vollenden, so ergibt sich für das fragliche Unternehmen eine hohe Wettbewerbsüberlegenheit gegenüber anderen, deren Selbstkostenkonto mit diesen Unkosten noch belastet ist. Eine Reihe von Kombinationen der in Frage kommenden Umstände soll nunmehr an einer Reihe von Beispielen aus der Praxis, die jedoch keine Universalregeln darstellen sollen, nachfolgend geschildert werden, wozu im Hinweis auf das eingangs Gesagte nochmals bemerkt wird, daß hier lediglich die wirtschaftliche bzw. betriebstechnische und auch konstruktive, nicht die hygienische Frage, die nur gelegentlich gestreift werden wird, bei der Auswahl der Systeme und Anordnungen entschieden werden soll.

Der Einfluß des Zusammenwirkens von Anlage- und Betriebskosten auf das Ergebnis der Rentabilitätsberechnung geht recht klar aus dem folgenden Beispiel hervor:

Es war eine Turnhalle von 3500 cbm Rauminhalt auf 15^0 zu beheizen bei einem Höchstwärmeverlust von 100 000 WE in der Stunde. Die Kosten einer Kalorifer-Luftheizung betrugen M. 2850, diejenigen einer Niederdruckdampfheizung gleicher Wärmewirkung M. 7500.

Nimmt man für die Koksschüttkessel der Niederdruckdampfheizung einen stündlichen Brennstoffverbrauch von

$$1,1 \cdot 0,5 \cdot \frac{100\,000}{4000} = \text{rund } 15 \text{ kg}$$

einschließlich der Verluste bei mittlerer Wintertemperatur an, für die Luftheizöfen einen solchen von

$$\frac{1,1 \cdot 0,5 \cdot 100\,000 \cdot 0,237.40}{0,237\,(40 - 15\,4000} = 22 \text{ kg,}$$

so erhält man die folgende Rentabilitätsberechnung unter Berücksichtigung eines Einheitssatzes von 2,5 Pf. für 1 kg Koks und einer Brennzeit von 200 Heiztagen bei täglich zwölfstündigem Betrieb:

Luftheizung:	Dampfheizung:
a) 10 % für Abschreibung und Verzinsung des Anlagekapitals von	
ℳ 2850 . . . . . ℳ 285	ℳ 7500 . . . . . . ℳ 750
b) Brennstoffkosten:	
22 · 12 · 200 · 0,025 = ﹥ 1320	15 · 12 · 200 · 0,025 = ﹥ 900
ℳ 1605	ℳ 1650

Nun läßt sich der Betrieb der Luftheizung wesentlich billiger gestalten, wenn man minderwertige Braunkohle, wie sie hier in der Mark Brandenburg mit 0,5 Pf. pro kg bei 2000 WE Heizwert angeboten wird, zur Verfügung hat.

Bei Braunkohlenbefeuerung stellt sich die Wirtschaftlichkeit wie folgt:

	Luftheizung:		Dampfheizung:	
a) wie oben	$\mathscr{M}$ 285		$\mathscr{M}$ 750	
b) $\dfrac{1320 \cdot 4000 \cdot 0,005}{0,025 \cdot 2000} =$	$\mathord,$ 530	$\dfrac{900 \cdot 4000 \cdot 0,005}{0,025 \cdot 2000} =$	$\mathord,$ 360	
	$\mathscr{M}$ 815		$\mathscr{M}$ 1110	

Man sieht, daß jetzt die Luftheizung erheblich rentabler als die Dampfheizung ist.

Die Bedienung wird in jedem Falle mühsamer und zeitraubender sein, wenn anstatt Koks Braunkohle verwendet wird; ob und inwieweit dabei Mehrausgaben an Arbeitslohn entstehen, muß von Fall zu Fall besonders geprüft werden.

Die Durchführung der Befeuerung mittels Braunkohle ist bei Luftheizöfen ohne Schwierigkeit möglich.

Bei der mit Schüttkesseln betriebenen Dampfheizung bedarf es der Anlage einer Halbgasfeuerung mit Treppenrost, wie sie z. B. von Schaeffer & Walcker (Berlin), Keilmann & Völker (Bernburg), Fränkel (Leipzig) u. a. m. konstruiert ist.

Die zuerst vom Verfasser angegebene und in Tafel I dargestellte Anordnung von drei stehenden Rauchrohrkesseln im Zusammenhange mit einer Halbgasfeuerung (System Schäffer & Walcker) hat den Vorteil, nur vertikale Rauchzüge aufzuweisen, und demnach Flugaschenablagerungen auf ein Mindestmaß einzuschränken. Ihre praktische Durchführbarkeit ist bei Vorhandensein geringer Heizraumabmessungen nicht immer ganz einfach, so daß man aus konstruktiven Gründen oftmals genötigt ist, von der Ausführung einer derartigen Dampfheizung Abstand zu nehmen und der Luftheizung mit Braunkohlenfeuerung den Vorzug zu geben, vorausgesetzt, daß man nicht auf die im Betriebe teurere Dampfheizung mit Koksfeuerung zurückgreifen will.

Jene ist, wie die Rentabilitätsberechnung nachweist, überhaupt wirtschaftlicher· als diese, wozu noch die hygienischen Vorteile einer durchdringenden Lüftung — wie sie z. B. bei Turnhallen sehr wünschenswert ist — bei·der Luftheizung kommen. Oftmals macht auch mangels ausreichender Unterkellerung der zu beheizenden Halle die

Fortführung der Kondensrohre in besonderen Kanälen, sowie die Vertiefung der Kesselraumsohle Schwierigkeiten und hohe Kosten, so daß aus wirtschaftlichen und konstruktiven Gründen der Luftheizung oftmals der Vorzug vor der Dampfheizung zu geben ist, wenn nicht die zu Ende des Aufsatzes angegebenen Nachteile dieses Systems durch besondere Umstände eine erhöhte Bedeutung erhalten. Zweifellos ist eine zentrale Luftheizung stets besser am Platze als eine Ofenheizung, die in solchen Fällen vielfach ausgeführt wird, und hinsichtlich der Verunreinigung des Aufstellungsraumes der Wärmeerzeuger beim Kohlentransport eine Quelle von Unzuträglichkeiten bildet, da der Raum doch gleichzeitig zum Aufenthalt von Personen dient.

Die Wirtschaftlichkeit einer Heizanlage hängt außer von den Einrichtungs- und Betriebskosten auch von der Höhe der für ihre Einrichtung aufzuwendenden Baukosten ab. Diese können z. B. bei einer Schwerkraft-Warmwasserheizung, deren Rohre mit beständigem Gefälle zu verlegen sind, mangels geeigneter Verlegungsräume recht erheblich werden.

Es sei an den Fall gedacht, daß eine Warmwasserheizung in Geschäftsräumen über Mietswohnungen mit Ofenheizung einzurichten ist.

Da in den letzteren Rohre nicht verlegt werden dürfen, und in den Geschäftsräumen die Anordnung längerer horizontaler Sammelleitungen nicht erwünscht ist, so ist an die Ausführung einer sog. Schnellumlaufheizung zu denken, bei der alle horizontalen Zu- und Ablaufrohre anstatt in Mauernischen und Fußbodenkanälen im Dachboden verlegt werden können.

Bei den Schnellumlaufheizungen, d. h. solchen Warmwasserheizungen, welche mit größeren Druckhöhen und daher mit kleineren Rohrweiten als die Schwerkraftheizungen arbeiten, hat man zwei Arten zu unterscheiden; solche, welche den Betriebsdruck durch Veränderung des spezifischen Gewichtes des Heizmittels an einer bestimmten Stelle des Rohrnetzes erzeugen und solche, bei denen der Betriebsdruck mechanisch mittels Pumpen geschaffen wird. Im vorliegenden Falle ist eine Anlage der ersterwähnten Art zur Ausführung zu empfehlen, da sie hinsichtlich der Betriebskosten billiger als eine Anlage mit Pumpenbetrieb und mit elektromotorischem Antrieb ist.

Der elektromotorische Betrieb mittels Zentrifugalpumpen ist selten billig, da wegen der vom Wärmebedürfnis der Räume abhängigen wechselnden Wasserförderung kaum jemals Wassermenge, Förderhöhe und Tourenzahl in dem für Schaffung eines wirtschaftlich vorteilhaften Wirkungsgrades angemessenen Verhältnis stehen und demzufolge die Stromentnahme gegen Entgelt recht teuer werden kann.

Gegenüber der Schwerkraftheizung sind die Schnellumlaufheizungen beider Systeme stets im Betriebe teurer.

Wenn es sich um keine sehr große Anlage handelt (Anlagekosten bis ungefähr M. 10 000), so wird die Ausführung nach dem Schnellumlaufsystem trotz der kleineren Rohrweiten wegen der umfangreichen Apparatur teuerer zu stehen kommen als die Ausführung nach dem Schwerkraftsystem, so daß sich die Verwendung der Schnellumlaufheizung in Wohn- und ähnlichen Häusern nur aus den erwähnten Gründen bautechnischer Art empfiehlt.

Bei ausgedehnten Anlagen kommt überhaupt nur die Pumpenheizung in Frage, welche beliebige Druckhöhen im Gegensatz zu der durch Dampf- oder Luftbeimischung wirksamen Schnellumlaufheizung zu erstellen gestattet.

Bei großen Fernheizanlagen mit Pumpenbetrieb sind manchmal Druckhöhen von 10 bis 15 m Wassersäule zu überwinden, was sich mit den anderen Systemen niemals erreichen lassen würde. Eine solche Pumpenheizung mit elektrischem Antrieb kann aber auch wegen ihrer geringen Rohrweiten und der sich daraus ergebenden Herabsetzung der Wärmeverluste und Anlagekosten, trotz höherer Betriebskosten wirtschaftlicher werden als eine Schwerkraftheizung.

Dies trifft für den Fall zu, daß längere Warmwasserverteilungsleitungen unter uTerrain fortzuführen sind, so daß die Wärmeverluste nicht den zu beheizenden Räumlichkeiten zugute kommen.

Betragen bei einer Heizanlage, die für eine Höchstleistung von stündlich 1 000 000 WE zu berechnen war, z. B. die Ersparnisse an Anlagekosten infolge geringerer Rohrweiten der Pumpenheizung gegenüber der Schwerkraftheizung insgesamt M. 5000, wobei die Kosten der Kessel und Heizkörper in beiden Fällen gleichgesetzt waren, so ist der Zins- und Abschreibungsgewinn allein rund M. 500.

Diese Summen dürfen dann also die Mehrkosten des Betriebes nicht übersteigen, wenn man den auf dem Wege des Vergleichs selten einwandsfrei feststellbaren Wärmegewinn infolge kleinerer Rohroberflächen- und Temperaturen bei der Rentabilitätsberechnung vernachlässigt. Die Betriebskosten berechnen sich bei der in Rede stehenden Heizanlage, wenn elektrischer Strom zu 16 Pf. für die Kilowattstunde zur Verfügung steht, wie folgt:

Die stündlich zu liefernde Wärmemenge beträgt, wie erwähnt, höchstens 1 000 000 WE, der Temperaturunterschied des Wassers im Vor- und Rücklauf 30° C, so daß das Gewicht der sekundlichen Wassermenge

$$\frac{1\,000\,000}{30 \cdot 3600} = 10 \text{ kg}$$

beträgt.

Da die Rohrweiten für eine Gesamtdruckhöhe von 5 m berechnet, der Wirkungsgrad der Pumpe gleich 0,50 und der des Elektromotors gleich 0,8 waren, betrug der Energieaufwand des Elektromotors

$$\frac{5 \cdot 10 \cdot 736}{75 \cdot 0,5 \cdot 0,8 \cdot 1000} = 1,23 \text{ KW.}$$

Bei einem Strompreis von 16 Pf. für die Kilowattstunde, täglich zwölfstündigem Arbeitsbetrieb, erhält man bei 200 Brenntagen einen Jahresaufwand von

$$1,23 \cdot 12 \cdot 200 \cdot 0,16 = \text{M. } 500$$

für Beschaffung elektrischer Energie zum Antrieb der Pumpen.

Man sieht, daß im vorliegenden Falle Kohlenersparnisse durch die geringeren Wärmeverluste der Außenleitungen erzielt werden, da sich die Betriebskosten mit dem Gewinn aus den verminderten Anlagekosten die Wage halten.

Der Wert dieser Heizung liegt mehr in der leichten Überwindung baulicher Schwierigkeiten (unter anderem Fortfall von Unterkellerungen usw. usw.) und beliebiger Druckhöhen infolge ihrer Unabhängigkeit vom Antriebsmittel der Temperaturdifferenzen im Steige- und Fallrohr, als in der Erzielung erheblicher Gewinne durch Kohlenersparnisse.

Da somit die Betriebskosten mittelbar von den Rohrweiten — die letzteren verhalten sich annähernd wie die Wurzeln aus den Spannungsverlusten — ferner von den angenommenen Temperaturunterschieden des Wassers im Vor- und Rücklauf, den Fördermengen und dem Einheitspreis der Kilowattstunde abhängen, so müssen bei Aufstellung der Rentabilitätsberechnung alle drei Faktoren sorgsam abgewogen werden.

Meist arbeiten die Pumpenheizungen größerer Gebäudekomplexe im Zusammenhange mit eigenen Lichtwerken, so daß sich die elektrische Energie billiger wie oben angegeben stellt; ferner kann man Dampfpumpen verwenden, deren Abdampf zu Heizzwecken ausgenutzt wird, und so die Betriebskosten weiter verbilligen.

Es ist auch zu bedenken, daß zur Herabsetzung der Anlagekosten die Wahl des Einrohrsystems — wenn besondere Gründe, z. B. hygienischer Art, nicht dagegen sprechen — recht zweckmäßig ist.

Auch empfiehlt es sich, mit möglichst hohen Temperaturunterschieden des Wassers im Vor- und Rücklauf zu arbeiten, um kleinere Heizflächen und bei mäßigem Betriebsdruck wegen der kleineren Fördermenge auch geringere Rohrweiten im Gefolge mit geringeren Wärmeverlusten zu erhalten.

Letztere sind im Gegensatz zu Warmwasserfernleitungen bei ausgedehnten Dampffernleitungen infolge der Dampfverluste der nicht zu umgehenden Kondenstöpfe recht erheblich, wozu als weiterer Nachteil ausgedehnter Dampfleitungen noch der große Kostenaufwand für die Unterhaltung des Rohrnetzes nebst Armaturen kommt.

Hinsichtlich der Wirtschaftlichkeit der Warmwasser-Schwerkraftheizung zur Niederdruckdampfheizung kann es als praktische Erfahrung gelten, daß die jährlichen Betriebskosten der Wasserheizung immer geringer sind als diejenigen der Dampfheizung gleicher Wärmeleistung, was wohl auf die bessere Anpassungsfähigkeit der ersteren an die jeweils bestehenden Temperaturverhältnisse, vermöge größerer Wärmereservation ihrer Betriebswassermenge, zurückzuführen ist.

Die Warmwasserheizung wird z. B. bei Gebäuden kleineren Umfanges, wie z. B. Villen, in welchem Zusammenhange ihre Herstellungskosten gering sind, immer wirtschaftlicher sein wie eine Dampfheizung.

Bei Anlagen größerer Ausdehnung können allerdings erhebliche Herstellungskosten die Wirtschaftlichkeit der Schwerkraft-Warmwasserheizung in Frage stellen. Bei der Aufstellung der Rentabilitätsberechnung dürfen dann aber die größeren Unterhaltungskosten der Dampfheizung nicht außer acht gelassen werden.

In den eingangs erwähnten Aufsätzen ist über die Wirtschaftlichkeit der Abdampfausnutzung berichtet worden.

Eine solche kann aber illusorisch werden, sobald die erzielten Ersparnisse gleich oder kleiner sind als die für Verzinsung und Abschreibung des Anlagekapitals aufzuwendenden Beträge.

Es liege der Fall vor, daß der Abdampf einer in größerer Entfernung von der Abdampfverwertungsstelle arbeitenden Lokomobile von 10 PS auszunutzen ist.

Die nutzbare Abdampfmenge sei gleich 12 kg, der tägliche Betrieb dauere durchschnittlich 4 Stunden bei 300 Arbeitstagen im Jahre, so daß die jährlichen Ersparnisse durch Abdampfausnutzung bei einem Kohlenpreis von 2 Pf. pro kg betragen:

$$\frac{10 \cdot 12 \cdot 4 \cdot 300 \cdot 540 \cdot 2}{4000 \cdot 100} = \text{M. } 390.$$

Die Rohranlage zur Fortleitung des Dampfes nebst Apparatur sowie die Baukosten stellten sich allein auf M. 4500, bei welcher Summe reichlich M. 400 für Abschreibung und Verzinsung aufzuwenden sind. Es folgt, daß die Abdampfausnutzung in diesem Falle nicht wirtschaftlich war, sondern daß bei dem leicht beschaffbaren Kühlwasser eine Kondensationsanlage zur Erzielung von Dampfersparnissen besser am Platze gewesen wäre.

Eine Einrichtung, deren Wirtschaftlichkeit in letzter Zeit öfter bestritten wurde, ist die Anlage einer Sonderdampfleitung für die

Sterilisatoren und Kochapparate der einzelnen Pavillons eines Krankenhauskomplexes.

Wie an einem besonderen Beispiel dargetan werden soll, ist diese Einrichtung wirtschaftlicher als das Kochen mit Gas oder Elektrizität, trotz größerer Anlagekosten, weil die Betriebskosten bei ersterer erheblich geringer ausfallen als bei letzterem System.

Es handelte sich um ein Krankenhaus für ca. 400 Betten, dessen Heizanlage eine Sonderdampfleitung für die Luftvorwärmekammern und Heizkörper der Operationsräume einerseits und die Sterilisatoren sowie Tee- bzw. Laboratoriumskocher anderseits hatte. Die Wärmeverteilung war die folgende:

170 000 WE für Heizkörper der Operationsräume,
355 000 WE « Luftvorwärmekammern,
300 000 WE « größere Desinfektoren,
291 000 WE « kleinere Sterilisatoren, Tee-, Laboratoriumskocher etc.

1 116 000 WE.

Die Kosten der Leitung stellten sich auf M. 13 000. Nimmt man den Fall an, daß ungünstigerweise diese Dampfleitung nur für den Betrieb kleinerer Kochapparate benutzt wird, dagegen die Luftvorwärmekammern etc. außer Benutzung bleiben, so ist das gesamte Anlagekapital zu verzinsen, dagegen für die Berechnung der Betriebskosten nur eine Wärmemenge von 291 000 WE in Ansatz zu bringen. Man erhält die folgende Rentabilitätsberechnung:

10% Zinsen vom Anlagekapital M. 13 000 = M. 1300
Betriebskosten bei 300 Betriebstagen à 3 Std.
und 3500 WE für 1 kg Kohle à M. 0,02

$$\frac{291\,000}{3500} \cdot 3 \cdot 300 \cdot 0{,}02 \quad \cdots \cdots \cdots = M.\ 1500$$

Sa. Sa. M. 2800

Beim Kochen mittels Elektrizität würden die folgenden Betriebskosten entstehen:

1 elektrischer Kochapparat verbraucht bei Gleichstrom erfahrungsgemäß 0,6 Watt pro 1 WE.

1 Kilowattstunde kostet nach früherem im Anstaltsbetriebe bei Abdampfausnutzung ca. M. 0,10. Demnach betragen die Betriebskosten:

$$\frac{291\,000 \cdot 0{,}6 \cdot 3 \cdot 300 \cdot 0{,}1}{10000} = M.\ 15\ 700.$$

Bei Gasfeuerung erhält man analog, bei 4000 WE pro cbm und 13 Pf. Beschaffungskosten:

$$\frac{291\,000 \cdot 3 \cdot 300 \cdot 0{,}13}{4000} = M.\ 8750.$$

2*

Rechnet man hierzu noch die Verzinsung des Anlagekapitals, so ergibt sich ohne weiteres die Überlegenheit der Dampfkochanlage, selbst wenn man die Verluste ebenso hoch wie den Dampfverbrauch ansetzen würde.

Der Gasbetrieb der Sterilisatoren kann jedoch bei Entnahme des Betriebsgases aus einem eigenen Anstaltsgaswerk erheblich billiger, aber nie so billig als der Dampfbetrieb werden. Auch wird in größeren Krankenanstaltsbetrieben die Einführung von Gas in die im Zusammenhange mit den Operationssälen stehenden Räume ärztlicherseits meist nicht gern gesehen.

Eine für größere Anstalten bedeutsame Einrichtung ist die Anlage eines Brennmittellagerplatzes, der es gestattet, während des Sommers zu billigen Einheitspreisen gekaufte Brennmaterialien für den Winter bereitzustellen, wozu noch der Vorteil der billigeren Kohlenpreise bei Bezug größerer Mengen auf einmal kommt. Bei kleineren Anstaltsbetrieben ist es oftmals vorteilhafter, die Brennmittel vonseiten örtlicher Lieferanten je nach Bedarf zu beziehen, wie der folgende Fall zeigt.

Die Anstalt hatte einen Jahresbedarf von 217 250 kg Koks und 25 000 kg Steinkohle, und zwar kosteten

$$100 \text{ kg Koks} \ldots \ldots \ldots \ldots \text{M. } 3,10$$
$$100 \text{ kg Steinkohle} \ldots \ldots \ldots \text{M. } 2,80$$

frei Verwendungsstelle.

Sie wäre in der Lage gewesen, bei Vorhandensein eines Kohlenlagerplatzes an den billigeren Einheitspreisen eines benachbarten Betriebes zu partizipieren.

Diese stellten sich für

$$100 \text{ kg Koks} \ldots \ldots \ldots \ldots \text{M. } 2,90$$
$$100 \text{ kg Steinkohle} \ldots \ldots \ldots \text{M. } 2,48$$

frei Lagerplatz der Anstalt.

Rechnet man die Ersparnisse aus, so betragen diese

M. 514,50.

Berücksichtigt man jedoch, daß jetzt ein Arbeiter für den Transport der Brennmittel zur Verwendungsstelle anzustellen ist und ferner ein Zinsverlust durch die Lagerung eintritt, so erhält man die folgende Rechnung:

Amortisation und Verzinsung der Anlagekosten des Schuppens mit 7% und der mit sonstigen Hausarbeiten betraute Transportarbeiter mit nur **M. 200** angesetzt:

$$7\% \text{ von M. } 1600 \ldots \ldots \ldots \ldots \text{M. } 112$$
$$\text{Transportarbeiter} \ldots \ldots \ldots \ldots \text{M. } 200$$
$$\text{Zinsverlust für } ^2/_3 \text{ des Lagerbestandes } \frac{2 \cdot 6920 \cdot 4}{3 \quad 100 \quad 2} = \quad \text{M. } 85$$
$$\overline{\text{M. } 397}$$

Somit betragen die erzielten Ersparnisse rund **M. 100.** Die angesichts der mit der Errichtung eines Kohlenschuppens verbundenen Übelstände, als Feuersgefahr, Entwendungsmöglichkeit etc. wirtschaftlich kaum in Betracht kommen.

Bei Anlagen, die im Zusammenhange mit Elektrizitätswerken bei Abdampfausnutzung, wie die Heiz- und Warmwasserbereitungsanlagen größerer Heilanstalten, arbeiten, sind vor dem Entwurf der Pläne zu diesen seitens des Architekten an den Ingenieur zwei Fragen zu richten:

1. Elektrizitäts- oder Gaswerk?
2. Gruppen- oder Fernheizwerk?

Da die Fragen nicht allgemein zu beantworten sind, soll im nachfolgenden an Hand vergleichender Rentabilitätsberechnungen (Tafel II und III, gezeigt werden, welche Faktoren zu berücksichtigen sind, und unter welchen Bedingungen die eine oder die andere der angeführten Einrichtungen wirtschaftlich vorteilhafter ist.

Als Grundlage mögen die Betriebsergebnisse und Anlagekosten des technischen Betriebes einer Heilanstalt für 1600 Personen, das Personal eingerechnet, dienen.

Im engsten Zusammenhange mit dem Betriebe eines Anstalts-Elektrizitätswerkes steht die Wärmeausnutzung des Abdampfes, welche teils unmittelbar in Heizanlagen, teils mittelbar in einer Warmwasserbereitungsanlage erfolgen kann.

Im vorliegenden Fall dient der Abdampf zur Beheizung der technischen Zwecken dienenden Gebäude einerseits und zur Dampfversorgung der Vorwärmer einer zentralen Warmwasserbereitungsanlage anderseits.

Die Dampfverteilung ist auf dem Diagramm 1 dargestellt, in welchem die monatlich erzeugten und verbrauchten Dampfmengen graphisch aufgetragen sind. Die Ordinaten des Dampfverbrauches der Heizung sind von der Verbrauchslinie der Warmwasserbereitungsanlage ab gerechnet.

Da der Dampfbedarf der letzteren, infolge der Anordnung von Warmwasserspeichern, sich ziemlich regelmäßig auf die einzelnen Tage und Monate verteilt, ist die Verbrauchslinie als Gerade eingezeichnet.

Nicht berücksichtigt ist der Warmwasserbedarf der Spülküchen und der Hydrotherapie, da er einerseits schwer festzulegen, anderseits infolge des gesteigerten Dampfbedürfnisses die Rentabilität der Anlage nur heraufzusetzen in der Lage ist.

Wie die schraffierten Flächen des Diagramms andeuten, ist der Wärmebedarf der Heizung und Warmwasserbereitung weit größer,

als der Abdampferzeugung der Dampfmaschinen des Elektrizitätswerkes entspricht, trotzdem die Zeit größten Lichtbedarfes mit der-

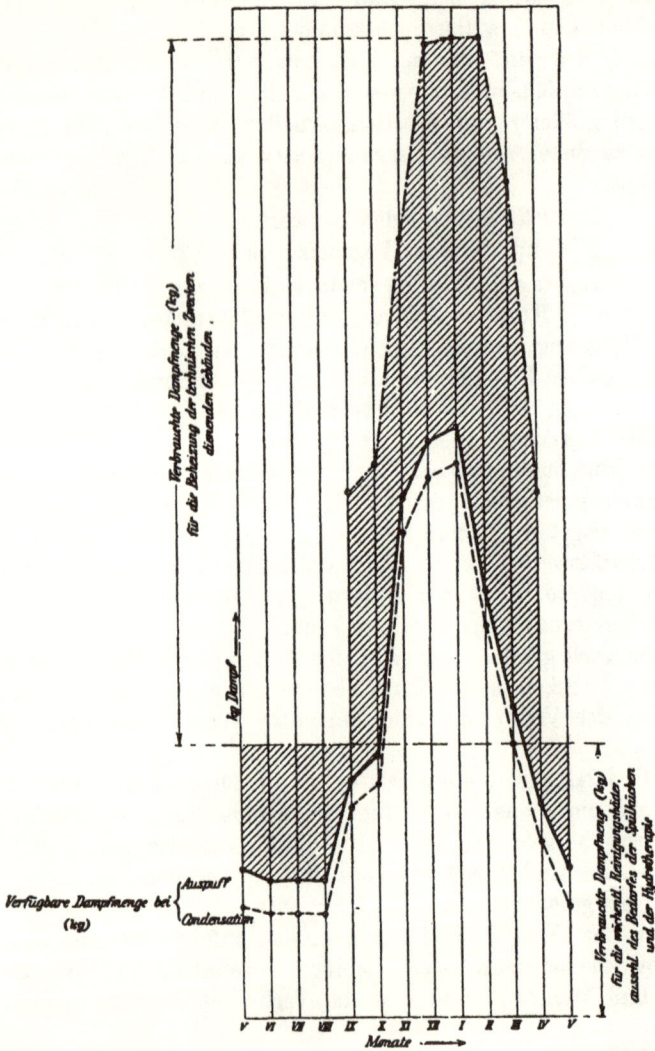

Diagramm 1.

jenigen des größten Wärmebedarfes der Heizung zusammenfällt.
Auch im Sommer war kein Entweichen von Abdampf über Dach festzustellen, es mußte vielmehr durchweg Frischdampf zur Erzeugung
des warmen Brauchwassers zugemischt werden.

Hieraus erhellt, daß die Einrichtung einer Kondensationsanlage mit Luftpumpe und Gradierwerk zur Vernichtung der Wärme des Maschinenabdampfes durchaus unwirtschaftlich wäre.

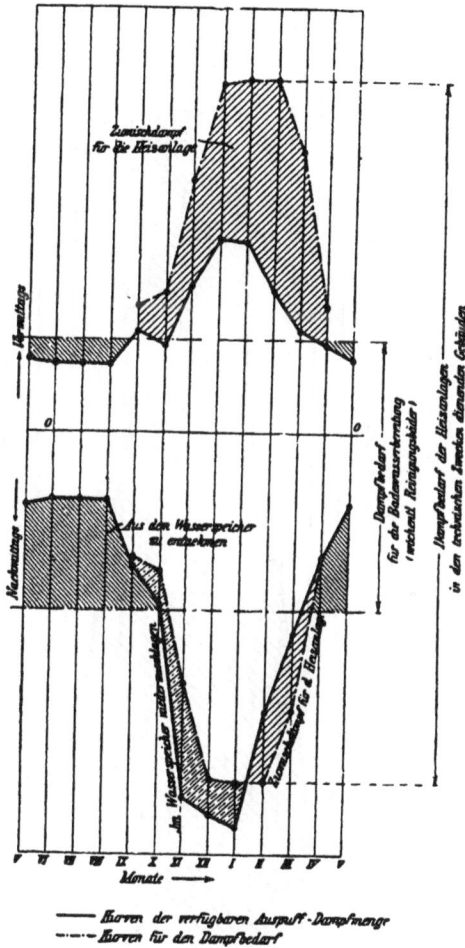

Diagramm 2.

Dies deutet die unterhalb der gestrichelten Dampfverbrauchslinie liegende, dem Wärmeverlust des Kondensationsbetriebes proportionale Fläche an.

Sollte, wie dies auf Diagramm 2 dargestellt ist, die Dampferzeugung der Lichtmaschine zeitweise höher sein als der Dampfbedarf der Heizung und Warmwasserbereitung, so wird der Überschuß in den Warmwasserspeichern der Gebäudegruppen, welche durch Umlaufleitungen mit der Umwälzungspumpe der Zentrale in Verbindung stehen, niedergeschlagen.

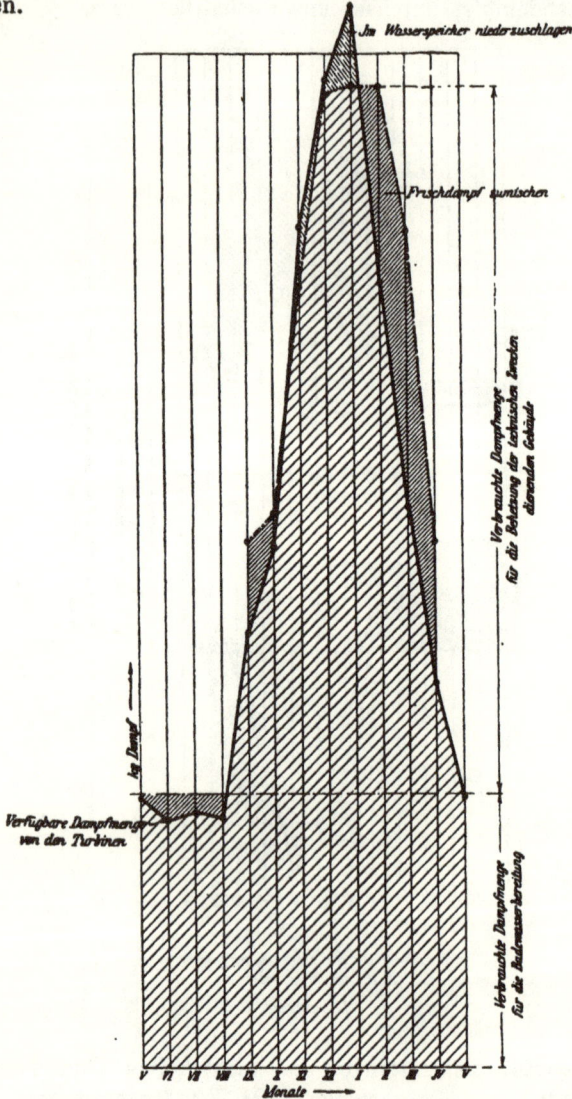

Diagramm 3.

Im Diagramm 2 sind die Werte von Diagramm 1 in bezug auf ihre Verteilung, auf die Vor- und Nachmittagsstunde, eingetragen, indem die Plus- und Minus-Ordinaten die vor- und nachmittags ver-

brauchten bzw. erzeugten Dampfmengen während der auf der Abzissen-
achse aufgetragenen Monate bedeuten.

Diagramm 3 stellt die einschlägigen Verhältnisse bei Dampf-
turbinenbetrieb dar.

Auch hier zeigt es sich, daß nichts unwirtschaftlicher wäre als
eine Kondensationsanlage mit Kühlturm gegenüber dem Auspuff-
betrieb.

Die Dampfturbinen haben die gleichen Leistungen wie die Dampfmaschinen und sind für einen Gegendruck von 0,25 Atm. bei 12 Atm.
Admissionsspannung und Überhitzung des Frischdampfes auf 300°
eingerichtet.

Da sich ihre Wärmeproduktion mittels des Abdampfes am besten
dem Wärmebedürfnis der Heizung der technischen Zwecken dienenden Gebäude und der zentralen Warmwasserbereitung anpaßt, soll
die Abdampfmenge der Turbinen den Ausgangspunkt für die Rentabilitätsberechnung bilden.

Laut Diagramm 2 beträgt die Jahresabdampfmenge der Turbinen
2 344 000 kg gegen 1 309 000 kg der Dampfmaschinen, so daß die
Zumischdampfmenge

$$\begin{array}{r} 2\,344\,000 \text{ kg} \\ -\ 1\,309\,000 \text{ kg} \\ \hline 1\,035\,000 \text{ kg} \end{array}$$

beträgt.

Die Abdampfmenge ist hierbei mit 80 % der Frischdampfmenge
in Ansatz gebracht.

Bei siebenfacher Verdampfung der Steinkohle sind somit in beiden
Fällen $\dfrac{2\,344\,000}{7} = 335\,000$ kg

Kohle à M. 0,02 = M. 6700 aufzuwenden.

Der Koksbedarf der Niederdruckdampf-Heizgruppen betrug nach
praktischer Feststellung 1 100 000 kg bei Schüttröhrenkesselbetrieb,
also bei M. 2,50 pro 100 kg:

$$\frac{1\,100\,000}{100} \cdot 2{,}5 = \text{M. } 27\,500.$$

Beim Fernheizwerk sind diese Werte — abgesehen von den Ver-
lusten in den langen Außenleitungen — in Steinkohlenwerte umzurechnen.

Rechnet man für 1 kg Steinkohle 3500 und für 1 kg Koks 4000
nutzbar zu machende Wärmeeinheiten, so sind für die früheren Heiz-
gruppen bei dem System der Fernheizung

$$\frac{1\,100\,000 \cdot 4000 \cdot 2}{3500 \cdot 100} = \text{M. } 25\,000$$

jährlich aufzuwenden.

Tilly, Rentabilität von Zentralheizungen.   3

Beim Gaswerk ist die Steinkohlenmenge von 335 000 kg in Koks umzurechnen. Sie beträgt

$$\frac{33\,500 \cdot 3500}{4000} = 295\,000 \text{ kg,}$$

wozu noch der Bedarf der Gruppenheizungen mit 1 100 000 kg kommt, so daß insgesamt

$$1\,395\,000 \text{ kg}$$

für die Sonderkessel der Heiz- und Warmwasserbereitungsanlagen einer mit Gaswerk versehenen Heilanstalt zu beschaffen wären, wenn nicht die Gasanstalt einen Teil der Kokslieferung aus eigenem Betriebe übernehmen würde.

Zur Erzeugung der für die laut Rentabilitätsberechnung erforderlichen 2300 Gaslampen nötigen Gasmenge sind erfahrungsmäßig 700 000 kg Steinkohle zu vergasen. Rechnet man pro 100 kg vergaster Steinkohle, unter Abzug des Bedarfes der Retortenunterfeuerung, 35 kg Koks, so beträgt die für Heizzwecke zur Verfügung stehende Koksausbeute

$$\frac{700\,000}{100} \cdot 35 = 245\,000 \text{ kg,}$$

so daß für den Heizbetrieb der Anstalt noch

$$
\begin{array}{r}
1\,395\,000 \text{ kg} \\
- 245\,000 \text{ kg} \\
\hline
1\,150\,000 \text{ kg}
\end{array}
$$

Koks zuzukaufen sind.

Rechnet man pro 100 kg Kohle 4,8 kg Teer, so beträgt der Erlös aus dem Verkauf der Nebenprodukte bei M. 0,03 kg Teer

$$\frac{700\,000 \cdot 4,8 \cdot 00,3}{100} = \text{M. } 1010.$$

Für sonstige Nebenprodukte kann man noch M. 150 in Ansatz bringen, so daß der Gesamterlös M. 1160 beträgt.

Auf Grund der vorstehenden Voraussetzungen erhält man die in der Rentabilitätsberechnung auf Tafel II und III angeführten Werte, wozu noch bemerkt wird, daß die technischen Einrichtungen des Wasserwerkes, der Wäscherei und der Speiseküche, weil in allen angeführten Fällen gleich, bei der vergleichenden Rentabilitätsberechnung keine Berücksichtigung gefunden haben.

Bei der Gaswerksanlage sind Sonderkessel für den Betrieb der beiden letzterwähnten Einrichtungen vorgesehen.

Betrachtet man die Ergebnisse der Rentabilitätsberechnung, so findet man, daß das Fernheizwerk bei Verwendung von Dampfturbinen im Maschinenbetrieb sich am teuersten stellt, trotzdem die

Wärmeverluste der Außenleitungen noch keine Berücksichtigung gefunden haben.

Die Kosten werden sich etwas höher als diejenigen der Gruppenheizung mit Dampfbetrieb stellen, wenn beim Fernwerk ebenfalls Dampfmaschinenbetrieb eingeführt wird und die Wärmeverluste der Ferndampfleitung in die Rechnung eingeführt werden.

Am billigsten stellen sich die Gruppenheizungen, praktisch gleichgültig, ob ein Gaswerk oder ein Elektrizitätswerk mit Dampfmaschinen die Lieferung des Lichtes übernimmt. Die Wirtschaftlichkeit des Gaswerkes wird noch erhöht werden, wenn für das Wasserwerk der Anstalt ebenfalls Gasmotoren vorgesehen werden. Die höheren Unkosten des Dampfturbinen- gegenüber dem Dampfmaschinenbetriebe sind lediglich durch die höheren Anlagekosten der Turbinen bedingt.

Ein Gaswerk hat gegenüber einem Anstalts-Elektrizitätswerk den Vorteil, Kochgas zu liefern, dessen Mangel sich als recht fühlbarer praktischer Nachteil herausstellen kann. Man sollte daher mehr wie bisher die Einrichtung von Gaswerken für derartige Betriebe bei Aufstellung der Rentabilitätsberechnung berücksichtigen.

Will man aus besonderen Gründen der Elektrizität den Vorzug geben, so empfiehlt es sich, die obige Rechnung auch unter Berücksichtigung von stromsparenden Metallfadenlampen durchzuführen.

Wird demgemäß die Strommenge geringer, so sinken doch auch gleichzeitig die Anlagekosten, wodurch am Ergebnis der Rentabilitätsberechnung meist nicht viel geändert wird.

Dagegen werden trotz teurerer Kaufpreise der Lampen die Anlagekosten des Werkes mitunter erheblich geringer, während die Betriebskosten wiederum mangels ausreichender Abdampfproduktion der kleineren Maschinen steigen.

Es muß daher wiederum von Fall zu Fall die größere oder geringere Rentabilität errechnet werden.

Die ermittelten Ergebnisse können selbstverständlich nicht ohne weiteres auf jede Anlage ähnlicher Art übertragen werden, sie werden jedoch für eine große Zahl solcher ihre Geltung haben.

Namentlich wird bei Fernheizwerken die zentrale Lage des Kesselhauses für die Herabminderung der Rohrleitungsanlagekosten eine besondere Rolle spielen.

Ist doch die Amortisations- und Verzinsungsquote von Rohrleitungen und Fernheizkanälen bedeutungsvoller für die Rentabilität der Anlage wie die Betriebskosten.

Wie von Fall zu Fall die Rentabilität der technischen Anlagen errechnet werden kann, dürfte an Hand des praktischen Beispiels zur Genüge erläutert worden sein.

Unbedingt ist es nötig, vor der Ausführung von Heilanstalten die voraussichtliche Wirtschaftlichkeit ihres technischen Betriebes festzustellen.

Leider arbeiten unter der Oberleitung der Architekten in der Regel der Heizungs- und der Maschinen- bzw. Beleuchtungsingenieur zum Schaden der Sache g e t r e n n t voneinander.

Wohl wird sich der Heizungsfabrikant stets nach den Spannungsverhältnissen des Abdampfes, selten aber der Maschinenfabrikant nach den Verbrauchsmöglichkeiten des Abdampfes erkundigen.

Dies erklärt sich daraus, daß für die Berechnung der Abdampfrohrleitungen die Kenntnis des Dampfdruckes unbedingt nötig ist, während für die Funktion der Maschinenanlage die Bedingungen durch Anlage eines Kondensators mit Luftpumpe ohne weiteres gegeben sind.

Außerdem bilden bisher leider die Abdampfverwertungsanlagen die Minderheit gegenüber den Abdampf- bzw. Wärmevernichtungsanlagen in Gestalt der Gradierwerke bei den Kondensationsbetrieben, so daß dem Maschinenfabrikanten die Erwägung der Einrichtung ersterwähnten Systems verhältnismäßig fern gerückt ist.

Hier Wandel zu schaffen ist Sache des Zusammenarbeitens von Architekt und sachverständigem Ingenieur.

Bei kleineren Anstalten hat die Verwendung von Niederdruckdampf für Heiz- und Kochzwecke, beispielsweise in den mechanischen Wäschereien und Dampf-Speisenküchen, von jeher ihre Vorteile gehabt.

Erstens braucht dabei für die Kesselanlage keine behördliche Konzession nachgesucht zu werden, zweitens ist die Bedienung der meist als Koksschüttkessel ausgebildeten Wärmeerzeuger sehr einfach und kann durch ungeschultes Personal bewirkt werden. Die Anlagen wurden bisher in der Regel nach dem Prinzip des Kreislaufes eingerichtet und betrieben, derart, daß der in den Kochapparaten niedergeschlagene Dampf als Kondenswasser entweder unmittelbar in den Kessel zurückfließt, oder, mangels einer genügend tiefen Kesselgrube, mittels Schwimmerdampfpumpe aus einem Zwischenreservoir in den Kessel zurückgefördert wird.

Der Nachteil einer solchen Anordnung besteht in der Notwendigkeit, zweierlei Brennmittel zur Erzeugung von Energie in Form von Wärme und mechanischer Arbeit, welche für den Maschinenantrieb benötigt wurde, verwenden zu müssen.

Zur Erreichung des letzteren Zweckes war meist ein Gasmotor aufgestellt, der mit seinen hohen Betriebskosten in der Regel die Wirtschaftlichkeit der Anlage herabsetzte.

Es soll im nachfolgenden dargetan werden, wie für eine Krankenanstalt von 800 Köpfen mit Koksfeuerung gleichzeitig Wärme, motorische Kraft und Licht in wirtschaftlicher Weise erzeugt werden kann.

Die Zeichnung (Tafel IV) stellt in schematischer Weise den Kreislauf des als Energieträger dienenden Dampfes dar.

Der Dampf wird in drei Koksschüttkesseln für ca. 0,4 Atm. Betriebsüberdruck erzeugt, von denen einer nur zur Reserve aufgestellt ist.

Die Sammlung und Verteilung des Dampfes erfolgt, wie in der Zeichnung dargestellt ist, mittels eines Ventilstockes, dessen Stutzen die folgenden Bezeichnungen tragen:

a) Kessel I, II, III; b) Turbine I, II; c) Heizung; d) Wäscherei; e) Küche; f) Schwimmerpumpe I, II; g) Nachwärmer; h) Reservestutzen.

Der Abdampf der als Niederdruck-Dampfturbinen ausgebildeten Arbeitsmaschinen strömt zum Kondensator, während Luft und Niederschlagwasser durch die elektrisch angetriebene Naßluftpumpe nach nach dem Kondensathochbehälter gefördert werden, von wo aus das Kondensat, mit natürlichem Gefälle, ohne erhebliche Wärmeverluste den Betriebskesseln wieder zufließt. Es sei an dieser Stelle besonders darauf hingewiesen, daß das Kondensat der Turbinen völlig ölfrei ist und daher unbedenklich zur Kesselspeisung verwendet werden kann. Eine mit Absperrventil versehene Notleitung gestattet es, den Turbinenabdampf unter Umständen über Dach zu leiten.

Das Niederschlagswasser von Heizung, Küche und Wäscherei wird aus dem offenen Sammelbehälter 2 mittels Dampfschwimmerpumpen in den Kessel gespeist, während die Überleitung des Niederschlagswassers der Nachwärmerheizfläche in den Wärmeerzeuger, wegen genügender Höhenlage der ersteren über dem Kesselwasserspiegel, ohne Einschaltung einer Hebevorrichtung erfolgt. Der Kondensator der Turbinen wird vom Hochreservoir 1 mit Kühlwasser versorgt, welches nach erfolgter Erwärmung unter einer dem Wasserstandsunterschiede des Hochbehälters 1 und des Überlaufgefäßes 2 entsprechenden Druckhöhe in das Überlaufrohr des letzteren abfließt, wenn es nicht vorher der gemäß der Zeichnung in den Kreislauf eingefügten zentralen Warmwasserbereitungsanlage der Anstalt entnommen wird.

Da das Kühlwasser des Turbinenkondensators im allgemeinen nicht die für seine Benutzung zu Bade- und Spülzwecken erforderliche hohe Temperatur besitzt, dient ein mit Heizrohrbündel versehener Nachwärmer zur Erreichung der gewünschten Wärmewirkung.

Dieser hat gleichzeitig die Aufgabe, bei Außerbetriebsetzung der Turbinenanlage die Bereitung des warmen Wassers mittels unmittelbar aus dem Kessel übergeleiteten Dampfes zu übernehmen. In diesem Falle besorgt, zur Erhaltung einer gleichmäßigen Wassertemperatur, die elektrisch angetriebene Zentrifugalpumpe die Umwälzung der im Rohrnetz befindlichen Wassermenge. Das Überlaufrohr des Behälters 2 wird, durch entsprechende Stellung der Ventile in den anschließenden Leitungen, dann außer Funktion gesetzt.

In jeder Gebäudegruppe ist eine Erweiterung der Warmwasserzuleitung in Form eines geschlossenen Warmwasserspeichers angeordnet, dessen Inhalt bei Außerbetriebsetzung des Nachwärmers oder des Turbinenkondensators, nach Öffnung von Ventil 1 und Schließung der Ventile 3 und 4, für die Warmwasserversorgung des in Frage kommenden Häuserblocks nutzbar gemacht werden kann.

In der Regel sind die Ventile 1 und 4 geschlossen und 2 und 3 geöffnet, so daß der Umlauf des Wassers in den senkrechten und wagerechten Verteilungsleitungen des Hauses in Richtung der Pfeile, entweder unter dem Einfluß des Gewichtsunterschiedes zwischen dem wärmeren Steigerohr- und dem kälteren Fallrohrwasser, oder unter der Einwirkung der Zirkulationspumpe stattfindet.

Bei der Aufstellung der Rentabilitätsberechnung, deren Ergebnis in den nachstehenden Tabellen I—III niedergelegt ist, wurde von den folgenden Voraussetzungen ausgegangen:

Die unter III. aufgeführte Gasbeleuchtung der Anstalt erfolgt mittels 600 Auerlampen à 60 NK, was einem stündlichen Aufwande von

$$\frac{600 \cdot 60 \cdot 3{,}5}{1000} = 120 \text{ KW}$$

elektrischer, oder

$$\frac{120\,000}{600} = 200 \text{ PS}$$

mechanischer Energie entsprechen würde.

Der wirkliche Aufwand stellt sich wahrscheinlich geringer als der angenommene, da bei der Verteilung der 16 kerzigen Glühlampen, welche einzeln oder in Gruppen ausschaltbar eingerichtet werden können, eine bessere Anpassung an das jeweilig in den Räumen vorhandene Lichtbedürfnis als bei den 60 kerzigen Auerlampen stattfinden wird.

So wird bei Gasbeleuchtung in allen Nebenräumen eine unnötig hohe Lichtintensität herrschen und damit ein hoher Aufwand von Betriebskosten im Zusammenhang stehen.

Die obigen 120 KW sollen im Winter durchschnittlich fünf Stunden täglich, innerhalb 200 Tagen, bei »I« Dampfmaschinen und »II« Dampfturbinenantrieb seitens des Dynamos aufzubringen sein.

Setzt man den Sommerbedarf zu 30 % der im Winter benötigten Energiemenge an, so erhält man den Jahresaufwand für Brennmaterial beim Dampfmaschinenbetrieb (Steinkohlen pro 100 kg M. 2,00 bei siebenfacher Verdampfung, auf 1 PS 10 kg Dampf gerechnet) zu

$$\frac{1,3 \ (200 \cdot 5 \cdot 200 \cdot 10)}{7} \cdot 0,020 = \sim \text{M. } 7500 \ \dots \ \text{»I«.}$$

Analog berechnet sich der Aufwand für die Dampfturbinen unter Berücksichtigung eines Dampfverbrauches von

$$\frac{600 \cdot 23}{1000} = 13,8 \ \text{kg pro PS}$$

bei 30 facher Kühlwassermenge auf

$$\frac{1,3 \ (200 \cdot 5 \cdot 200 \cdot 13,8) \cdot 0,025}{8} = \text{M. } 11 \ 100 \ \dots \ \text{»II«,}$$

wenn 1 kg Koks mit 2,5 Pf. und eine

$$\frac{4000 \cdot 7}{3500} = 8 \ \text{fache}$$

Verdampfung bei Koksfeuerung in die Rechnung eingeführt wird.

Erfahrungsgemäß sind die Kühlwassermengen der Turbinen größer, als dem Bedarf der Anstalt an warmem Brauchwasser entspricht, so daß ein Teil derselben ungenutzt abfließen wird. Man kann eine Brauchwassermenge von 900 l pro Kopf und Woche annehmen, so daß die Kosten des Materialaufwandes für die Anlage III (bei zehngrädigem Zulaufwasser)

$$\frac{900 \cdot 800 \cdot 52}{4000} \cdot (50 - 10) \cdot 0,025 = \text{M. } 9360$$

betragen werden. Bei der Steinkohlenfeuerung der Anlage I sind dieser Summe

$$\frac{9360 \cdot 0,020 \cdot 40}{0,02535} = \text{M. } 8300 \ \text{äquivalent.}$$

Da diese den Kosten des Dampfmaschinenbetriebes annähernd entsprechen, so kann angenommen werden, daß praktisch die gesamte Abdampfmenge der Dampfmaschinen in der Warmwasserbereitungsanlage aufgebraucht wird. Der Ordnung halber ist Rechnung I mit M. 8300 — 7500 = M. 800 als Zuschlag belastet worden.

Der Dampfbedarf der Küche und Wäscherei wird, wie auf der Zeichnung dargestellt ist, besonders den Kesseln entnommen. Die Heizflächen der letzteren berechnen sich wie folgt:

a) für die Turbinen:

$$\frac{200 \cdot 13,8}{15} = 200 \ \text{qm Niederdruckschüttkessel.}$$

Gewählt werden vier Rauchrohrkessel à 60 qm, welche gleichzeitig Kochdampf liefern;

b) für die Dampfmaschinen zu:

$$\frac{200 \cdot 13,8}{25} = \infty \; 120 \text{ qm Hochdruck-Flammrohrkessel.}$$

Gewählt werden zwei Kessel à 70 qm, welche ebenfalls den Kochdampf miterzeugen.

Die Kesselheizfläche der Anlage III beträgt:

$$\frac{900 \cdot 800 \, (50-10)}{6 \cdot 10 \cdot 4000} + 27 = 150 \text{ qm.}$$

Hierin sind analog der Berechnung von II 27 qm für Kochdampf auf die für die Warmwasserbereitung nötige Heizfläche zuzuschlagen. Gewählt werden vier Kessel à 50 qm.

Aus der tabellarischen Zusammenstellung der Berechnungsergebnisse ist zu entnehmen, daß bei dem geringen Unterschiede der jährlichen Unkosten zu I und II unter den gegebenen Betriebsbedingungen die Dampfturbinenanlage ebenso rentabel ist wie die Dampfmaschinenanlage. Die belanglosen Unterschiede in den Rentabilitätsziffern werden sich praktisch durch die geringeren Fundierungskosten der Turbinen und den Wegfall erheblicher Wärmeverluste, wie sie bei der Hochdruckanlage unvermeidlich sind, ausgleichen.

Die Rentabilität der Anlage III ist um ca. 30 % schlechter als die von I und II.

Auf dem Plan der Gesamtanlage ist eine A. E. G.-Curtis-Turbine mit partieller Beaufschlagung angegeben (vgl. das Referat in dieser Zeitschrift, Jahrg. 1909, Nr. 17).

Der den Düsen entströmende Dampf von ca. 0,3 Atm. beaufschlagt, als vollkommener Freistrahl, die Schaufeln in axialer Richtung. Die Expansionsarbeit wird unmittelbar auf das Laufrad übertragen. Die Tourenregelung, der jeweiligen Leistung entsprechend, besorgt ein Pendelregulator, welcher auf ein Dampfregulierventil mit Doppelsitz einwirkt. Es ist aber auch möglich von Hand durch Abschaltung entsprechender Düsengruppen die Arbeitserzeugung zu beeinflussen. Der nach unten gerichtete Auspuffstutzen der Turbine ist mittels Wasserstopfbüchse an den Kondensator angeschlossen.

Unmittelbar mit der Turbinenwelle ist der rotierende Teil der Dynamomaschine gekuppelt.

Betriebsmittel.

I. Dampfmaschinen.

Steinkohlen und Koks für Betriebs- bzw. Heizdampf.

	%	Anlage-kosten	Amortisation u.Verzinsung
2 Auspuffmaschinen für Kraft und Licht à 100 PS komplett	10	30 000	3000
2 unmittelbar gekuppelte Dynamos à 60 KW einschließlich Schalttafel.	10	20 000	2000
Akkumulatorenbatterie einschließlich Zellen-schalter usw.	10	15 000	1500
2 Flammrohrkessel à 70 qm	10	20 000	2000
Rohrleitungen, Behälter, Pumpen usw. . .	10	20 000	2000
Kesselhaus nebst Schornstein $\frac{0,9\ \phi}{1,25}$	7	16 000	1120
Elektrische Außenleitungen	10	20 000	2000
Installation für 2200 Glühlampen 16 NK o. Bel.-Körper	10	30 000	3000

Amortisation und Verzinsung des Anlagekapitals Sa. M. 16 620.

Sämtlicher Auspuffdampf wird für die Zwecke der Warmwasserbereitung nutzbar gemacht. In der Berechnung der unter III aufgeführten Anlage sind die gleichwertigen Erzeugungskosten als Zuschlag aufgeführt.

Kohlenverbrauch der Kessel für die Erzeugung von 156 000 KW-Stunden jährlich

$$\frac{1,3/200 \cdot 5 \cdot 200 \cdot 10 \cdot 0,2}{7} \quad \ldots \ldots \ldots \ldots \ldots \text{M. 7500}$$

Ständiger Kesselwärter . . . . » 1200

Betriebskosten . . . . Sa. M. 8700

Zuschlag für Mehrdampferzeugung zur Warmwasserbereitung M. 800

Gesamtunkosten pro Jahr . . . . » 26120

Der Dampf für Kochzwecke wird in allen drei Fällen besonders erzeugt.

II. Niederdruck-Dampfturbinen.

Gas- oder Zechenkoks für Betriebs- und Heizdampf.

	%	Anlage-kosten	Amortisation u.Verzinsung
2 Niederdruck-Dampfturbinen à 60 KW für Kraft und Licht einschließlich angekuppelter Dynamos, Schalttafel	10	50 000	5000
Akkumulatorenbatterie mit Zubehör	10	15 000	1500
4 Niederdruck - Koksschütt - Röhrenkessel à 60 qm	10	15 000	1500

	%	Anlage-kosten	Amortisation u.Verzinsung
Rohrleitungen, Behälter, Kondensations-anlage usw.	10	20 000	2000
Bauanlage (die Schüttkessel sind im Keller untergebracht)	7	1000	70
Elektrische Außenleitungen	10	20 000	2000
Installation für 2200 Glühlampen 16 NK ohne Beleuchtungskörper	10	30 000	3000

Amortisation und Verzinsung des Anlagekapitals Sa. M. 15 070

Koksverbrauch der Schüttkessel wie oben

$$\frac{1,3 \cdot 200 \cdot 5 \cdot 200 \cdot 13,8 \cdot 0,025}{8} \quad \text{. . . . . M. 11 100}$$

Den Kesselbetrieb besorgt der Maschinenführer.

Betriebskosten. . . . . Sa. M. 11 100

Gesamtunkosten pro Jahr . . . . » 26 170

III. Gasmotoren.

Leuchtgas und Koks für Maschinenbetrieb bzw. Heizung

	%	Anlage-kosten	Amortisation u. Verzinsung
2 Gasmotoren à 16 PS komplett nur für Kraft-betrieb	10	15 000	1500
(Akkumulatoren sind nicht erforderlich) . .	—	—	—
4 Koksschüttröhrenkessel à 50 qm	10	15 000	1500
Rohrleitungen, Schwimmerpumpen, Vor-wärmer	10	10 000	1000
Bauanlage (die Schüttkessel sind im Keller untergebracht)	7	1000	70
Gußeiserne Außenleitungen für Gas	10	5000	500
Installation für 600 Gasflammen	10	9000	900

Amortisation und Verzinsung des Anlagekapitals   Sa. M. 5470

Erzeugung des warmen Brauchwassers . . . . M. 9360

Gasverbrauch von 600 Flammen unter gleichen Bedingungen
wie I und II bei 0,1 cbm pro Flamme und 20 Pf. pro cbm Gas
1,3 · 600 · 0,1 · 5 · 200 · 0,20 wie oben . . . . » 15 600

Betriebskosten . . . . Sa. M. 24960

Gesamtunkosten pro Jahr . . . . » 30 430

Zum Schlusse mögen die Prüfungsergebnisse der Wirtschaftlichkeit des technischen, insbesonders des Heizbetriebes größerer Heilanstalten an Hand der Diagramme 4 und 5 besprochen werden.

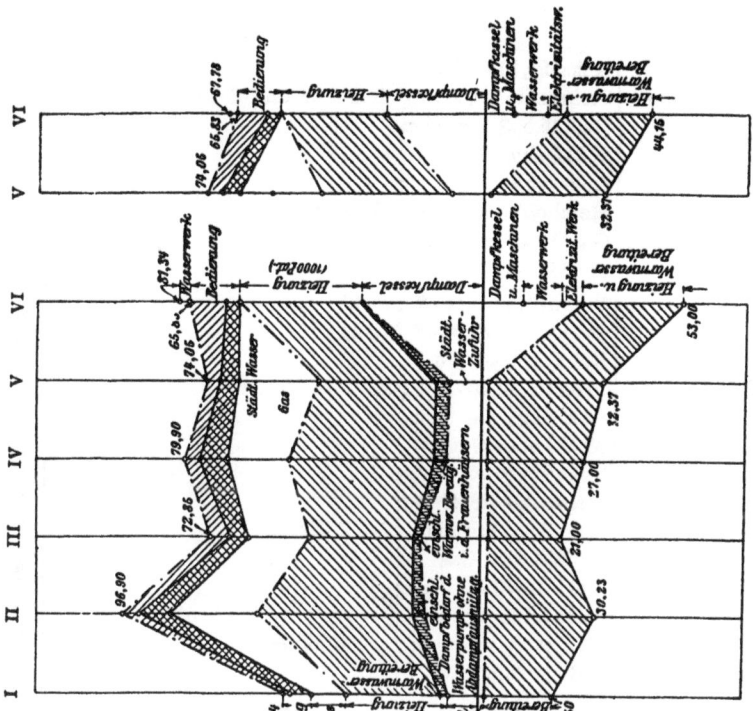

Diagramm 5.

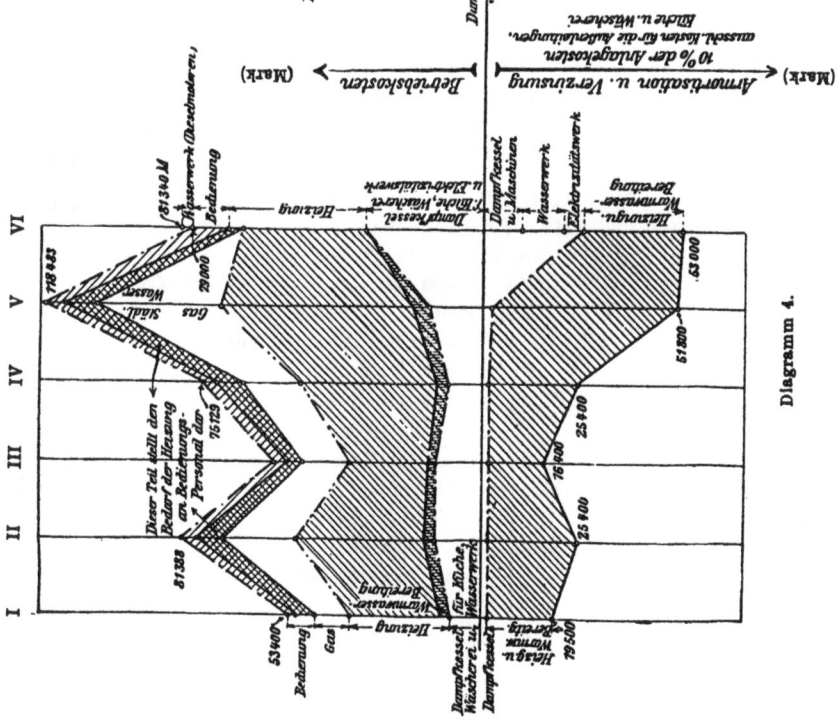

Diagramm 4.

I 1000 Patienten Vorzugsweise Kinder	Koks 24,10 ℳ %o Steinkohle 18,50 ℳ Gas 15,5 ₰ pro cbm 64311 cbm Gas	5 Heizer und Schlosser
II 840 Patienten	Koks 23,70 ℳ %o kg Steinkohle 18,00 ℳ Gas 14 ₰ pro cbm 114934 cbm Gas	7 Heizer
III 780 Patienten	Braunkohle 0,44 ℳ pro hl Steinkohle 21,00 ℳ %o kg Koks 1,00 ℳ pro hl Briketts 14,40 ℳ %o kg Gas 16 ₰ pro cbm 83480 cbm Gas	4 Heizer
IV 940 Patienten	Koks 23,70 ℳ %o kg Steinkohle 18,20 ℳ Gas 15 ₰ pro cbm 103260 cbm Gas	7 Heizer
V 1600 Patienten	Koks 24,70 ℳ %o kg Steinkohle 19,25 ℳ Gas 14 ₰ pro cbm 158844 cbm Gas	8 Heizer
VI 1000 Patienten	Koks 26,70 ℳ %o kg Stéinkohle 21,30 ℳ	4 Heizer
I 1000 Patienten Vorzugsweise Kinder Nied.-Dampf (Koks)	2970350 l Wasser für Kesselspeisung 430000 kg Steinkohle 6,9 Verdampfungsziffer 2970 l Wasser pro Kopf, dgl. 64,3 cbm Gas	
II 840 Patienten Nied.-Dampf (Koks)	4471575 l Wasser für Kesselspeisung 698570 kg Steinkohle 6,4 Verdampfungsziffer 5324 l Wasser pro Kopf, dgl. 137 cbm Gas	
III 780 Patienten Luftheizung (Braunkohle)	1989240 kg Braunkohle (Förderkohle) 4728000 l Wasser für Kesselspeisung 2,38 Verdampfungsziffer 6060 l Wasser pro Kopf, dgl. 107 cbm Gas	
IV 940 Patienten Nied.-Dampf (Koks)	3341000 l Wasser für Kesselspeisung 477300 kg Steinkohle 7 Verdampfungsziffer 3550 l Wasser pro Kopf, dgl. 110 cbm Gas	

Jährliche Gesamtbetriebskosten einschl. Amortisation u. Verzinsung

Jährliche Betriebskosten pro Kopf (ohne Wärter) einschließlich Amortisation und Verzinsung

V 1600 Patienten Nied.-Dampf (Koks)	5 140 118 l Wasser für Kesselspeisung 734 500 kg Steinkohle 7 Verdampfungsziffer 3 200 l Wasser pro Kopf, dgl. 100 cbm Gas	
VI 1000 Patienten Nied.-Dampf	10 725 000 l Wasser für Kesselspeisung (einschl. Bedarf der Lichtmaschinen) 1 500 000 kg Steinkohle 7,15 Verdampfungsziffer 10 725 l Wasser pro Kopf	Jährliche Betriebskosten pro Kopf (ohne Wärter) einschl. Amortisation und Verzinsung
V 1600 Patienten VI a 1200 Patienten	Alternativ für 1200 statt 1000 Personen bei Anstalt VI	

Auf diesen sind die Unkosten für den Dampf-, Heizungs-, Beleuchtungs- und Wasserwerksbetrieb von fünf Anstalten (I bis V) ohne eigenes Kraftwerk im Gegensatz zu einer Anstalt (VI) mit einem solchen dargestellt. Als positive Ordinaten sind die Brennmaterialkosten für Dampfkessel und Zentralheizungsanlagen sowie die Bezugskosten für Leuchtgas, als negative Ordinaten die Prozentsätze für Amortisation und Verzinsung des Anlagekapitals der Gas-, Wasser-, Elektrizitäts- und Heizungsanlagen, Dampfkessel und Dampfmaschinen für Wäscherei- und ev. Wasserpumpwerk, eingeschrieben.

Die auf die Heizanlagen entfallenden Beträge sind durch Schraffierung hervorgehoben, so daß ohne weiteres ersichtlich ist, welche wichtige Rolle im Etat eines Krankenhauses gerade diese Betriebskosten spielen. Aus Diagramm 5, welches die relativen Betriebsunkosten enthält, geht hervor, daß, unter Berücksichtigung ihrer geringen Belegziffer, am billigsten die mit Braunkohle gefeuerten Luftheizungen der Anstalt III zu betreiben sind, wenn man bedenkt, daß die scheinbar günstigeren Ergebnisse der Anstalt I ihre Ursache in einer höheren Personenzahl mit geringerem Raumbedarf — es sind dort vorzugsweise Kinder, die einen geringeren Luftkubus benötigen, untergebracht — haben. An zweiter Stelle kommen die Niederdruckdampf-Gruppenheizungen, an dritter die Einzelkesselanlagen. Im allgemeinen sind die Gruppenheizungen der Anstalt VI aus dem Grunde billiger, als sie mit weniger Personal betrieben werden können als die Einzelheizsysteme.

Auch die Brennmaterialkosten sind nicht hoch im Vergleich mit den Braunkohlen-Luftheizanlagen der Anstalt III (s. Diagramm der absoluten Kosten), wohingegen die Anlagekosten der letzteren erheblich geringer ausfallen, so daß, wie bei dem eingangs erwähnten Beispiele der Rentabilitätsberechnung einer Luftheizung, die absoluten Unkosten geringer als bei der Dampfheizung werden.

Angesichts verschiedener Unannehmlichkeiten, welche bei Benutzung von Luftheizungen zutage treten, z. B. mangelnde Funktion bei Windanfall, Austrocknung des Rauminventars, wird man diesem System nicht immer das Wort reden können. Ein wirtschaftliches und auch hygienisch einwandfreies System wird vielmehr die für Braunkohlenschüttfeuerung eingerichtete Niederdruckdampf-Gruppenheizung sein. Hierbei ist vorausgesetzt, daß die zur Verfeuerung gelangende Kohle nicht teurer als 0,5 Pf. pro kg ist. Betreffs der Rentabilität von Fernheizwerken im Gegensatz zu den Gruppenheizungen kann auf die eingangs erwähnten Artikel verwiesen werden.

Wie aus den Diagrammen ersichtlich ist, spielt der Dampfbedarf der Küche und der Wäscherei nur eine untergeordnete Rolle gegenüber dem Bedarf der Heizanlagen. Nur bei der Anstalt VI mit eigenem Elektrizitätswerk benötigten Betriebs- und Heizdampfkessel nahezu den gleichen Kostenaufwand für die Brennmittelbeschaffung. Dafür wurden aber die Betriebsergebnisse der elektrischen Beleuchtungsanlage (Anstalt VI) — im vorliegenden Falle wurde der Einheitspreis der Kilowattstunde zu rund 10 Pf. festgestellt — sehr günstige, da eine intensive Abdampfausnutzung durch eine zentrale Warmwasserbereitung stattfand.

Als Ergebnis der obigen Ausführungen kann den Erbauern neuer Heilanstalten, bei denen umfangreiche Betriebseinrichtungen maschinentechnischer Art vorzusehen sind, nur angeraten werden, die Art ihrer Ausführung vom Resultat der Rentabilitätsberechnung abhängig zu machen.

Eine Anlage mit eigenem Kraftbetrieb ist nur dann eine absolute Notwendigkeit, wenn beispielsweise die Erleuchtungsmittel nicht zu angemessenen Preisen am Orte zu beziehen sind.

Ist jene Notwendigkeit vorhanden, so ist diejenige Anlage am rentabelsten, welche bei geringsten Anlagekosten den billigen Betrieb gewährleistet. Ihre Anlagekosten werden um so kleiner, je geringere horizontale Ausdehnung sie besitzt und je höher die Belegziffer bei gleichbleibenden Anlagekosten wird. Wie schon im Gesundh.-Ing., Jahrg. 1909 Nr. 49, S. 811 u. f. ausgeführt, wird man bei solchen Erwägungen der Errichtung eigener Anstaltsgaswerke seine erhöhte Aufmerksamkeit zuzuwenden haben. Der Betriebsleiter eines Anstaltswerkes irgendwelcher Art muß nun darnach trachten, zur Erhöhung der Wirtschaftlichkeit des eigenen Betriebes, Gas oder Elektrizität während des Tages, also außerhalb der Beleuchtungsperiode, gegen Entgelt an benachbarte Betriebe abzugeben.

Im Diagramm 6 ist noch die Verteilung des Brennmittelverbrauches auf die einzelnen Monate bei einer Anstalt dargestellt. Da die Kurven bei den übrigen Anstalten ähnlich sind, kann von ihrer Veröffentlichung abgesehen werden.

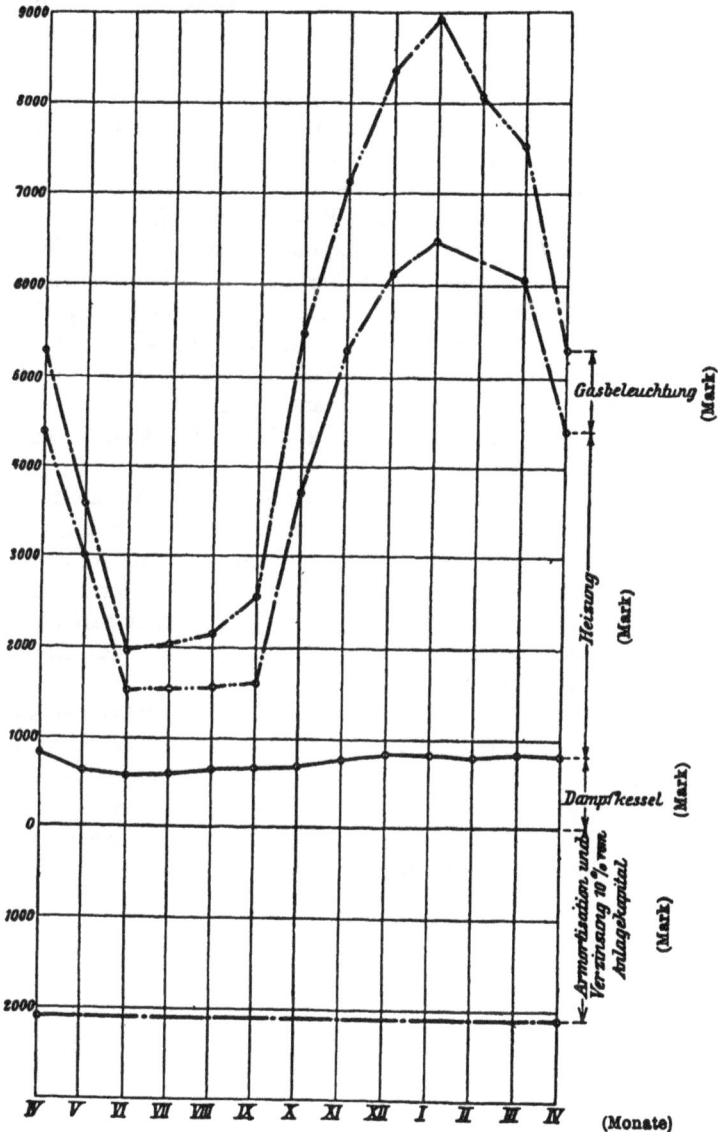

Diagramm 6.

Aus den obigen Ausführungen ergeben sich für die Neueinrichtung von Anstalten die folgenden Lehren hinsichtlich der zweckmäßigen Anordnung der Heiz- und Kraftanlagen:

1. Die Wirtschaftlichkeit eines Anstalts-, Heiz- oder Maschinalbetriebes hängt nicht nur von den Betriebskosten (Brennstoff- und Bedienungskosten), sondern auch von den Anlagekosten, bezogen auf die Kopfzahl der Insassen, ab.

Bei sonst zweckmäßiger Ausführung hat also d i e Anstalt die rentabelsten technischen Anlagen, welche bei geringster horizontaler Ausdehnung die höchste Belegziffer aufweist.

2. Jeder Anstaltskraftbetrieb muß möglichst intensiv ausgenutzt werden, da er sonst trotz geringer Betriebskosten infolge der hohen Anlagekosten unrentabel wird (s. Diagramm Fig. 2 und 3). Die Rentabilitätsziffer steigt, sobald durch Anschluß benachbarter Werke an die eigenen Gas- oder Elektrizitätswerke der Umsatz gesteigert, d. h. ein höherer Nutzen aus dem Anlagekapital herausgewirtschaftet wird.

3. Eigene Anstaltskraftbetriebe sind nur dann eine unbedingte Notwendigkeit, wenn ein Anschluß an benachbarte Gas-, Wasser-, Kanalisations- oder Elektrizitätswerke etc. nicht möglich oder zu unvorteilhaft ist.

Es müssen daher v o r dem Bau einer Anstalt Rentabilitätsberechnungen auf Grund von Betriebsdiagrammen nach Art der angegebenen zur Auswahl der jeweils vorteilhaftesten Möglichkeit angestellt werden. In dieser Berechnung haben nicht nur die Brennmittelpreise Berücksichtigung zu finden, sondern es ist auch die Bodenbeschaffenheit des Anstaltsgeländes hinsichtlich der Wasserergiebigkeit oder Abwasserreinigungsfähigkeit zu untersuchen.

4. Im Falle der Errichtung von eigenen Anstaltskraftwerken ist mehr wie bisher die Errichtung von Steinkohlengasanstalten an Stelle von Elektrizitätswerken in Aussicht zu nehmen, ebenso wie die von Gruppenheizungen im Gegensatz zu den Fernheizwerken.

5. Dem System der Braunkohlenschüttfeuerung ist bei Errichtung von Gruppenheizungen erhöhte Aufmerksamkeit zuzuwenden.

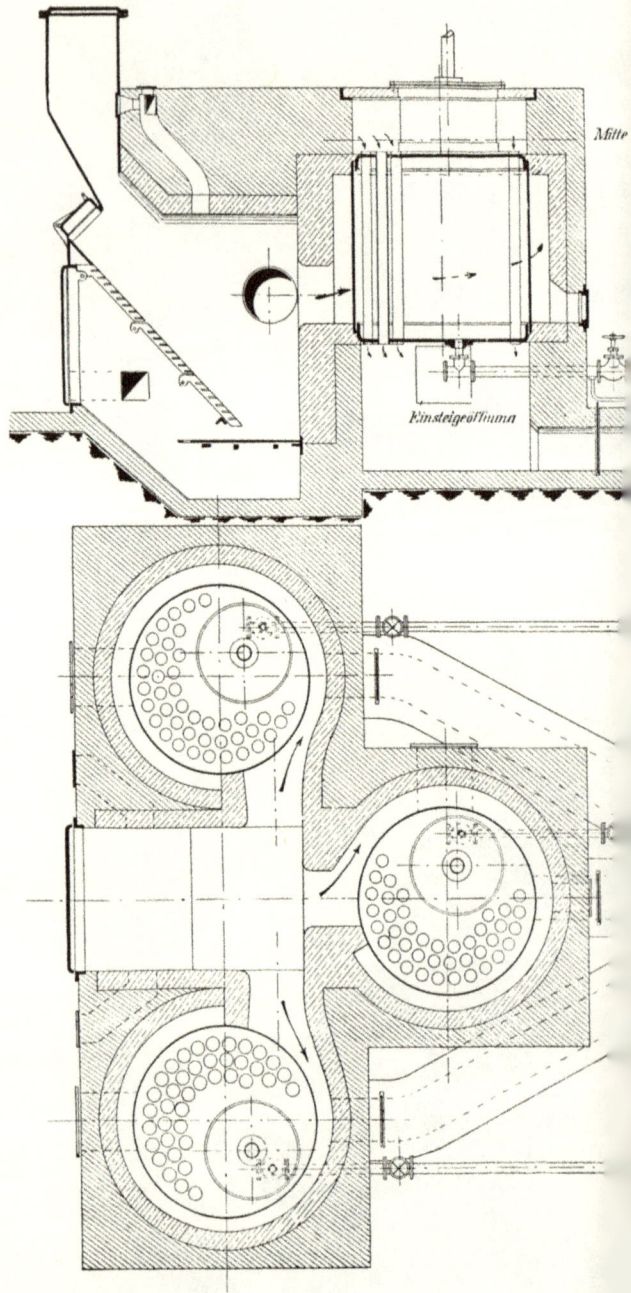

Mitte

Einsteigeöffnung

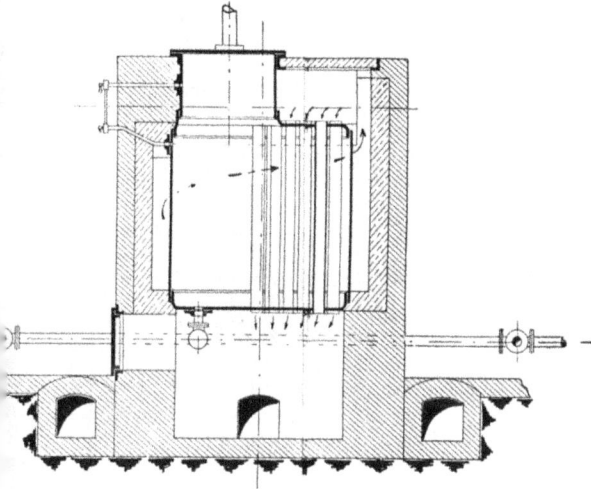

Dreifach-Verbund-Kessel System Tilly
für Braunkohlen-Schüttfeuerung.

Druck und Verlag von R. Oldenbourg in München u. Berlin.

I. Anlagekos

Elektrizitätswerk

Dampfmaschinenbetrieb Niederdruckdampf - Gruppenheizung	Anlage-kosten	°/₀	Jährlich aufzu-bringen	Dampfturbinenbetrieb Niederdruckdampf-Gruppen-heizung	Anlage-kosten
	ℳ		ℳ		ℳ
Auspuffdampfmaschinen mit un-mittelbar gekuppelten Dynamos, je 110 KW, 3 Flammrohrkessel à 75 qm	140 000	10	14 000	Auspuffdampfturbinen sonst wie nebenstehend	210 000
Maschinenfundamente, Kesselein-mauerung und Schornstein	30 000	7	2 100	wie nebenstehend	20 000
Zentrale Warmwasserbereitungsan-lage	45 000	10	4 500	wie nebenstehend	45 000
6 Niederdruckdampf-Heizgruppen mit zusammen 600 qm, Schütt-Röhrenkessel einschl. Reserven	195 000	10	19 500	wie nebenstehend	195 00
Abdampfheizung von Küche, Wä-scherei, Maschinenhaus und Ver-waltungsgebäude einschl. Fern-dampfleitungen für Küche und Wäscherei	65 000	10	6 500	wie nebenstehend	65 00
800 m Fernleitungskanäle besonde-rer Konstruktion	61 000	7	4 270	wie nebenstehend	61 0
Installation von 4700kerzigen Glüh-lampen	60 000	10	6 000	wie nebenstehend	60 0
Elektrische Außenleitungen	40 000	10	4 000	wie nebenstehend	40 0
a			60 870		a

ind Tilgung.

				Gaswerk			
ampfturbinenbetrieb Fernheizwerk	Anlage-kosten	%	Jährlich aufzu-bringen	Gasmotoren fürWäscherei etc. Niederdruckdampf-Gruppen-heizung	Anlage-kosten	%	Jährlich aufzu-bringen
	ℳ		ℳ		ℳ		ℳ
uffdampfturbinen t unmittelbar gekup-lten Dynamos, je 0 KW, 6 Flammrohr-ssel à 75 qm	235 000	10	23 500	2 Gasmotoren f. d. Wä-schereibetrieb à 16 PS Maschinen, Generatoren u. Reiniger d. Gaswerk.	15 000 / 30 000	10 / 10	1 500 / 3 000
nebenstehend, mit icksicht auf die ge-geren Fundierungs-iten der Turbinen	30 000	7	2 100	Bauwerke, Fundamente, Gasbehälter, Schorn-steine	40 000	7	2 800
nebenstehend	45 000	10	4 500	Zentrale Warmwasserbe-reitung mit Sonderkes-seln	60 000	10	6 000
illation und Fern-ung der Heizanlagen	310 000	10	31 000	6Niederdruckdampf-Heiz-gruppen, Beheizung v. Küche, Wäscherei, Ver-waltungsgebäude, Son-derdampfkessel f.Küche und Wäscherei	280 000	10	28 000
vorstehenden ent-en	—	—	—	Im vorstehenden enthal-ten	—	—	—
Fernleitungskanäle iderer Konstruktion	100 000	7	7 000	wie nebenstehend	61 000	7	4 270
e nebenstehend	60 000	10	6 000	Installation v. 2300 Gas-Auerlampen à 60 NK	51 500	10	5 150
e nebenstehend	40 000	10	4 000	Gas- u. Außenleitungen	30 000	10	3 000
a			78 100	a			53 720

Druck und Verlag von R. Oldenbourg in München u. Berlin.

Elektrizitätswerk

Dampfmaschinenbetrieb Niederdruckdampf-Gruppenheizung		Dampfturbinenbetrieb Niederdruckdampf-Gruppenheizung
Personal	Jährliche Kosten	Personal
	$\mathscr{M}$	
1 Kesselheizer	1 200	1 Kesselheizer . . . .
1 Hilfsheizer	1 000	1 Hilfsheizer . . . .
4 Gebäudeheizer bzw. Rohrwärter für die Hochdruckleitungen	4 000	4 Gebäudeheizer bzw. Rohrwärter für die Hochdruckleitungen . . . .
1 Maschinenführer	1 200	1 Maschinenführer . . . .
3 Schlosser.	3 000	3 Schlosser. . . . .
b	10 400	b

Die Gehälter von Maschinen- bzw. Gasmeister und Maschinist sind, weil Beköstigung aufzuwendenden Mittel sind in den obigen Löhnen eingeschlossen.

Brennmittel		Brennmittel
	$\mathscr{M}$	
335 000 kg Steinkohle für Dampfmaschinen- und Warmwasserbereitungsanlage pro 100 kg M. 2 . . .	6 700	335 000 kg Steinkohle wie nebenstehend, Zumischdampf ist nicht erforderlich pro 100 kg M. 2,0 . . . . .
1 100 000 kg Koks für die Heizungen pro 100 kg M. 2,5 . .	27 500	1 100 000 kg Koks für die Heizungen pro 100 kg M. 2,5 . . .
c	34 200	c
b	10 400	b
a	60 870	a
	105 470	

n.

Gaswerk

Dampfturbinenbetrieb Fernheizwerk		Gasmotoren für Wäscherei etc. Niederdruckdampf-Gruppenheizung	
Personal	Jährliche Kosten	Personal	Jährliche Kosten
	M		*M*
selheizer	2 400	4 Heizer und Gasanstaltsarbeiter	4 000
sheizer	1 000		
fort	—	4 Gebäudeheizer bzw. Rohr- und Maschinenwärter	4 000
chinenführer	1 200	Fällt fort	—
osser, davon zwei für die In-		3 Schlosser. . . . , ...	3 000
dhaltung und Wartung des			
rohrnetzes und der Kondens-			
ser-Hebestationen	5 000		
b	9 600	b	11 000

gleich, nicht in Ansatz gebracht. Sämtliches Personal erhält Dienstwohnung. Die für

Brennmittel		Brennmittel	
	M		*M*
0 kg Steinkohle wie neben- stehend, Zumischdampf ist nicht erforderlich, pro 100 kg M. 2,0 . . .	6 700	295 000 kg Koks für Beheizung der technischen Gebäude und für die Warmwasserberei- tung	
0 kg Steinkohle f. Heizzwecke pro 100 kg M. 2 . . .	25 000	1 100 000 kg Koks für die Gruppen- heizungen	
		1 395 000 kg Koks insgesamt	
		245 000 kg Koks aus der Gasanstalt	
		1 150 000 kg Koks zu beschaffen pro 100 kg M. 2,5	29 000
		700 000 kg Steinkohle für die Gas- anstalt pro 100 kg M. 2	14 000
			43 000
		Hiervon ab den Erlös aus dem Ver- kauf der Nebenprodukte	1 160
c	31 700	c	41 840
b	9 600	b	11 000
a	78 100	a	53 720
	119 400		106 560

Druck und Verlag von R. Oldenbourg in München u. Berlin.

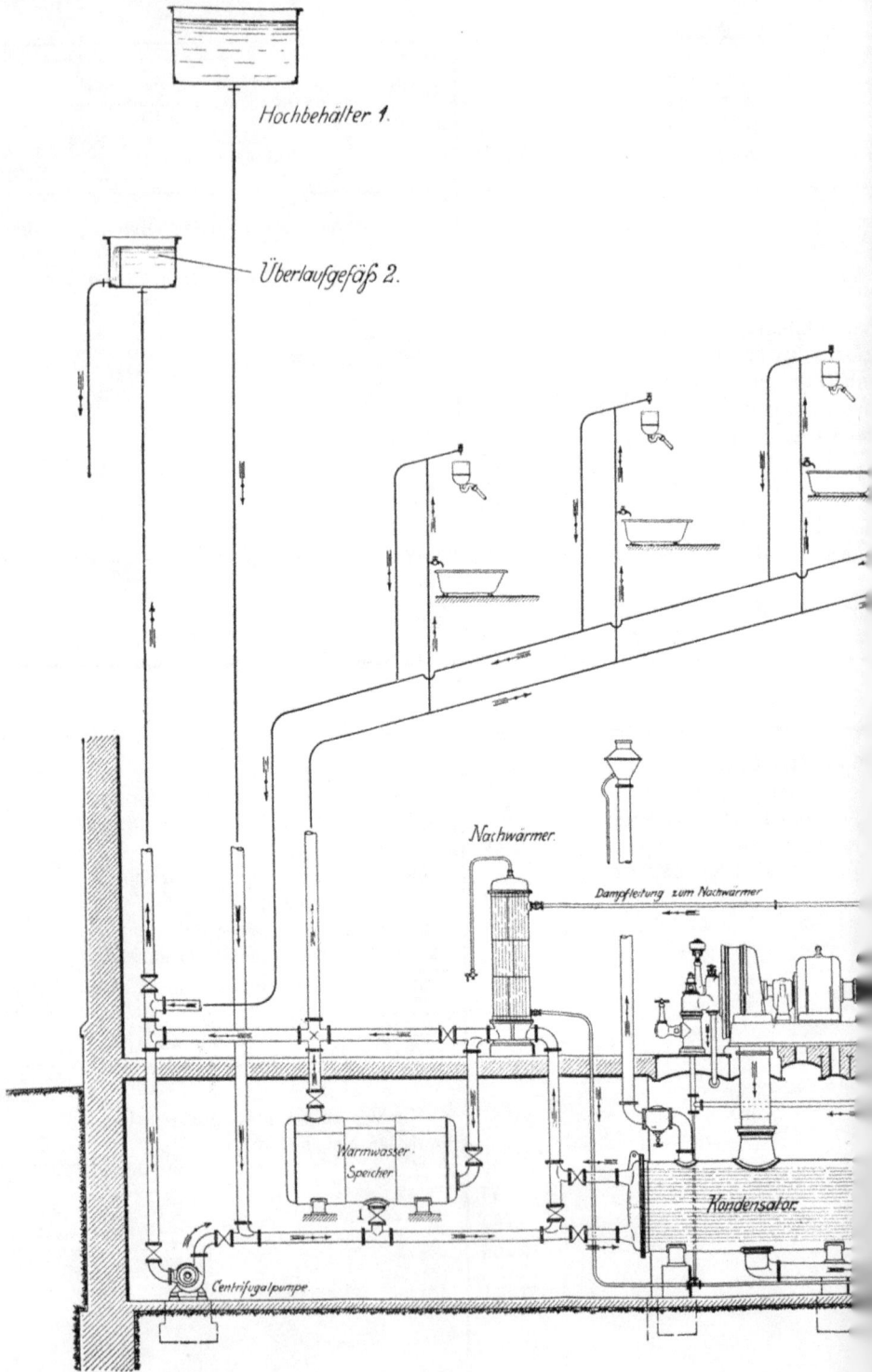

Hochbehälter 1.

Überlaufgefäß 2.

Nachwärmer.

Dampfleitung zum Nachwärmer

Warmwasser-Speicher

Kondensator.

Centrifugalpumpe.

Heizung, Warmwasserbereitung, Kraftbedarf und Beleuchtung
mit Niederdruck-Dampfturbinen der Abdampfausnutzung.

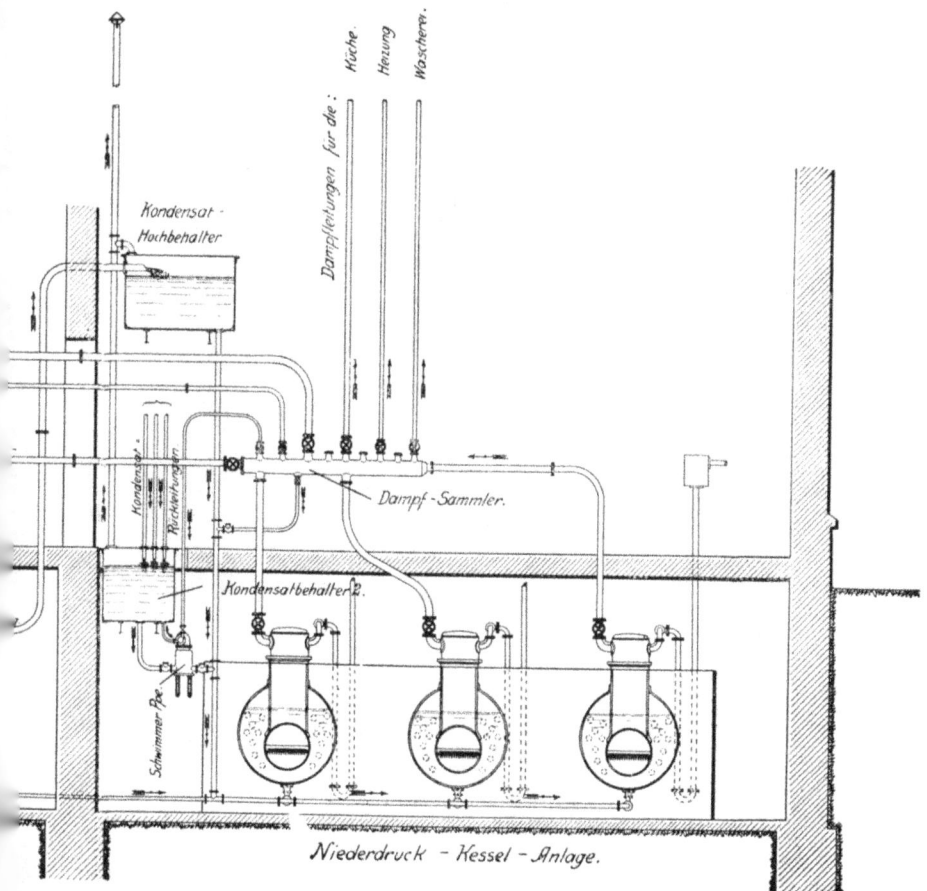

Niederdruck - Kessel - Anlage.

Druck und Verlag von R. Oldenbourg in München u. Berlin.